ZHEXIE DONGXI WO BU YAO

这些东西我不要

文具及食品安全

〔韩〕李钟恩　著

李琼兰　译

GUANGXI NORMAL UNIVERSITY PRESS

广西师范大学出版社

·桂林·

出版统筹：汤文辉
选题策划：王　津
责任编辑：熊　隽
美术编辑：卜翠红
版权联络：张耀霖
营销主管：耿　磊　宋　瑶
责任技编：李春林

图书在版编目（CIP）数据

这些东西我不要：文具及食品安全 / （韩）李钟恩著；
李琼兰译. 桂林：广西师范大学出版社，2016.6
　（做自己的安全卫士. 韩国教育部指定儿童安全绘本系列）
　ISBN 978-7-5495-8010-1

　Ⅰ．①这… Ⅱ．①李…②李… Ⅲ．①文具－安全－
少儿读物②玩具－安全－少儿读物③食品安全－少儿读物
Ⅳ．①TS951-49②TS958.07-49③TS201.6-49

中国版本图书馆 CIP 数据核字（2016）第 066100 号

广西师范大学出版社出版发行

（广西桂林市中华路 22 号　邮政编码：541001　）
（网址：http://www.bbtpress.com　　　　　　　　）
出版人：张艺兵
全国新华书店经销
北京盛通印刷股份有限公司印刷
（北京经济技术开发区经海三路 18 号　邮政编码：100176）
开本：787 mm×1 035 mm　1/16
印张：2.25　　　字数：20 千字
2016 年 6 月第 1 版　　2016 年 6 月第 1 次印刷
印数：0 001~8 000 册　　定价：18.00 元

如发现印装质量问题，影响阅读，请与印刷厂联系调换。

目　录

什么样的书包最安全？

　　"你的书包真漂亮，闪闪发光；图案也很美。"
　　小美很羡慕娜熙的漂亮书包。
　　"我的书包是布的，既不会闪光，图案也不好看。"
　　"但我背书包的肩膀特别痒。"
　　娜熙一直在挠肩膀。
　　"肩带碰到的部位肿得好厉害……"

小美仔细查看娜熙的肩膀之后吓了一跳。

"又疼又痒。"

娜熙快要哭出来了。

"你的书包肩带上有毒吧!"

- 发光的书包表面含有化学成分——邻苯二甲酸盐(Phthalate)。
- 色彩鲜艳的书包颜料中很有可能含有重金属铝。
- 最好选择肩带或书包背面等直接接触皮肤的部分没有涂层的书包。
- 最好购买布料做成的书包。
- 最好选择有安全标识或者环保标识的书包。

什么样的文具最安全？

"妈妈给我买了新文具。"

娜熙在朋友们面前炫耀自己的新文具。

"橡皮擦非常柔软，笔记本和铅笔盒也很漂亮。"

同学们都非常羡慕娜熙的文具。

"铅笔盒还散发着清香，似乎很美味呢！"

娜熙装出吃铅笔盒吃得很香的样子。

"真的有蛋糕的香味。"

小美有点儿讨厌只知道炫耀的娜熙了。

"听说那些长得漂亮的蘑菇往往都是有剧毒的。你的文具也许也有剧毒呢！"

小美酸溜溜地说。

这时，娜熙突然趴在了桌子上。

"头好疼。"

娜熙的脸色看起来很差。

"胸口也不舒服，好想吐。"

"你的文具不会真的有毒吧……"

- 发光的铅笔盒中很有可能含有邻苯二甲酸盐，这种化学物质有软化塑料的作用，但对身体有害。
- 色彩鲜艳的铅笔盒都是涂有颜料的，而颜料中往往含毒，会引起头痛、产生幻觉、发育障碍等问题。
- 最好购买用布料或硬纸板做成的铅笔盒。
- 尽可能选择有安全标识或者环保标识的铅笔盒。

- **笔记本**最好不要购买外皮有塑料涂层的。
- 由聚氯乙烯（PVC）制成的涂层，很有可能含有邻苯二甲酸盐。
- 内文纸越白，就越有可能使用了过量的荧光增白剂、漂白剂。最好选择使用再生纸做成的笔记本。
- 最好选择有安全标识或者环保标识的笔记本。

- 香气过重的**橡皮擦**很可能含有有强烈毒性的香料。
- 过分柔软的橡皮擦很可能含有大量的可以引发儿童发育障碍的邻苯二甲酸盐。
- 最好选择用天然材质做成的橡皮擦。
- 最好选择有安全标识或者环保标识的橡皮擦。

- **铅笔**表面涂漆层中可能含有铝。将铅笔含在嘴里咬时，铝可能会进入体内，对身体造成伤害。
- 最好选择环保铅笔。
- 最好选择有安全标识或者环保标识的铅笔。

- **蜡笔**和**彩色铅笔**一定不能含在嘴里。因为里面含有大量1,4 - 二氧六环、铝等有毒物质。
- 最好选择有安全标识或者环保标识的蜡笔和彩色铅笔。

- 过分柔软的**橡皮泥**很可能含有邻苯二甲酸盐。
- 应该选择非合成树脂的产品。
- 最好选择有安全标识或者环保标识的纸泥。

- **荧光增白剂**有可能引发湿疹、皮肤炎症、胃肠障碍等疾病。
- **漂白剂**是增白颜色的成分，具有强烈的毒性。
- **邻苯二甲酸盐**会妨碍孩子的成长，导致严重的发育障碍。
- **铝**会影响儿童的智力发育，会降低其注意力，妨碍其成长，甚至引发皮肤炎、脱毛症、听觉障碍、性格暴躁等症状。
- **1,4 - 二氧六环**是典型的致癌物质，会引发皮肤湿疹，严重时还会引发哮喘。

"橡皮擦真的好软，好像橡皮糖。"

"而且好香，我觉得可以当橡皮糖吃呢！"

小美和娜熙把橡皮擦贴近鼻子闻着散发的香气。

小美问道："会是什么味道呢？尝一尝怎么样？"

"嗯，我们尝尝吧！"

娜熙率先把橡皮擦放进了嘴里。

"呸！好恶心的味道。"

娜熙皱起了眉头。

"呸！好像大便的味道！"

小美也赶快吐出了橡皮擦。

"我的铅笔芯特别坚硬，我们比一比谁的铅笔芯更厉害吧！"

小美也想炫耀一下自己的文具。

"我的铅笔芯也很厉害！"

小美和娜熙开始比谁的铅笔芯更厉害。

但是，娜熙不小心将铅笔芯插进了手背。

"怎么办……"

小美的手指也流血了。

"被铅笔芯划伤了。"

娜熙皱着眉头大声喊道："你干吗要和我比铅笔芯啊！"

● 文具除了用于它原本的用途之外，不要用在其他地方。
● 不可以将文具放在嘴里，或者舔着玩。
● 注意不要被笔芯、剪刀等尖锐的东西扎到。
● 使用文具之后，记得要及时洗手。
● 注意不要被书包、铅笔盒的尖角扎伤或划伤。
● 婴幼儿有可能吞下橡皮等细小的文具，这类文具要放在他们够不着的地方。

什么样的工业品是安全的？

"妈妈，什么是工业品？"

"工厂制作的物品都叫工业品哦！"

"那文具和玩具也是工业品吗？"

"纸巾、香皂、牙膏、汽车、自行车、玩具、手表……都是工业品，非常多哦！"

"冰激凌、饼干、拉面也是工业品吗？"

"对，还有玩偶、书都是工业品。"

"那我们家就是工业品的世界啊！"

"我们的生活因为工业品变得方便很多，但是如果使用不当，就会有危险！"

"就像火一样吗？正确使用时能发挥作用，但是使用不当就很恐怖，是这样吗？"

"哈哈，小美已经成了工业品博士啦！"

"我们家有多少工业品呢？"

小美在屋里开始数起来。

"一，二，三，四，五，六，七，八，九，十……
哇！工业品太多了。"

除了妈妈做的饭外，似乎全都是工业品呢！

"妈妈，幸亏我们不是工业品啊！"

"说什么呢？"

"要是我们也是工业品的话，我会很难过的。"

妈妈被小美的话逗乐了，哈哈大笑起来。

- ●像食品这样有保质期的物品，一定要看清生产日期和有效期。
- ●要看清楚物品的使用注意事项。
- ●要确认物品是否通过了安全质量检查。
- ●如果是食物，一定要确认是否有食品安全认证标识。
- ●不要购买有害健康的毒性产品。
- ●儿童要想购买工业品，一定要请大人帮忙。

玩具怎么拿着玩才安全?

小美和娜熙在玩玩具。

"叮叮咚咚——"

娜熙在屋里拖着玩具转圈儿。

小弟弟抓起玩具就往嘴里放。

"娜熙,你看你,把玩具扔得到处都是,小弟弟都把玩具放进嘴里了!"

"小弟弟为什么抓到什么都想放进嘴里?"

娜熙开始抱怨。

玩具会引发的事故

玩具的小零件，比如丝带、绳子等有可能导致儿童窒息

玩具枪的子弹（BB弹）打到眼睛时会导致眼睛出血，进入耳朵、鼻孔中也会引发危险

玩具的尖锐部分会导致儿童受伤

玩具的涂层含有铅，有可能引发儿童铅中毒

有高度的玩具，比如滑梯有可能导致儿童坠落事故的发生

火药、爆竹、电动玩具的电池等有可能导致烧伤或爆炸事故的发生

清洗、管理玩具的几种方法

布料做成的玩具

先用胶带粘除玩具表面的灰尘，再用婴儿专用洗涤剂清洗干净并晾干。

橡胶做成的玩具

先用柔软的布蘸取婴儿专用洗涤剂，擦一擦玩具的表面，然后洗干净并晾干。

金属做成的玩具

用干毛巾或棉棒擦干净生锈的部分和表面的灰尘。

塑料玩具

像滑梯那样体积大而且用塑料做成的玩具，需要经常用湿毛巾擦洗；体积小的玩具，则用牙刷蘸取婴儿专用洗涤剂去除灰尘和污痕。

木头做成的玩具

用木头做成的玩具，要用湿布去除污痕。如果太脏了，可以用布或者海绵蘸取婴儿专用洗涤剂擦洗，然后放阴凉处晾干。

多毛的玩具

毛多的玩具要经常拍灰尘，在阳光下晒。如果需要洗涤，可以在温水中溶解婴儿专用洗涤剂，轻轻地揉搓，然后放阳光下晾干。

什么样的玩具最适合？

"妈妈，这个标志是什么？"

"这是玩具安全标志。买玩 具的时候，记得要确认一下 有没有这个标志。"

玩具安全标志的识别方法

中国3C认证
中国为保护消费者人群和动植物生命安全所做的标志。

年龄限制标志
禁止不满3周岁的儿童接触此类玩具，也不允许将此类玩具供不满3周岁的儿童玩耍。

中国环境标志产品认证
表明产品不仅质量合格，而且符合特定的环保要求，与同类产品相比，具体低毒少害，节约资源能源环境优势。

- 选择适合孩子年龄的玩具。
- 确认产品制作得是否结实。

- 确认声音是否太大。
- 确认玩具表面的颜料是否掉色。

- 仔细阅读玩具的标志以及注意事项。
- 直径3.17厘米以下的玩具，婴幼儿不小心放在嘴里时，有可能引发窒息事故。

- 不要购买长时间闪光的玩具，对孩子眼睛不好。
- 不要购买有可能导致窒息、勒脖子，以及其他危险系数高的玩具。

食品要如何保管才安全?

"哇!好多肉和蔬菜哦,还有好多糕点。"

"明天是爸爸的生日,要做很多很多好吃的哦!"

"那我也帮忙吧!"

小美跑过来帮妈妈择菜。

"小美真懂事,真是妈妈的贴心小帮手啊!"妈妈称赞了小美。

"这么多好吃的,先放冰箱里吧。"

"冰箱里的食物不能放太久,因为冰箱里面也会繁殖细菌呢!"

"那一个月之前放冰箱里的冰激凌要扔掉吗?"

"哈哈,虽然很可惜,但还是要扔掉哦!"

"真可惜,我还特意留着不舍得吃呢,没想到过了保质期不能吃了。"

- 生肉类一定要保存在冷冻室里，牛奶、熟食等要保存在冷藏室里。
- 保存在冷冻室里的食品超过3个月也不能食用。
- 水果和蔬菜要保存在冷藏室里。
- 洋葱和胡萝卜等要用网兜装好，放在阴凉通风处。
- 晒干的食品要放在密封容器中，保存在冷藏室里。
- 罐头食品要放在通风好的地方，或者放在冰箱里冷藏。

"妈妈，我想吃比萨，还想喝可乐。"
小美缠着妈妈。

"这种东西吃多了对身体不好。"

"您也不让我吃我喜欢的火腿肠、汉堡！"

"回家我用蔬菜和肉给你做好吃的晚饭。"
妈妈哄着小美。

"我不喜欢蔬菜！"

小美生起妈妈的气来。

- 尽可能不要吃垃圾食品。
- 多吃新鲜蔬菜和水果。
- 多吃杂粮。
- 肉、蔬菜、豆制品、鸡蛋等都要吃。
- 不要挑食，要均衡摄取营养。
- 少吃高糖分、高脂肪的食品。

如何预防食物中毒？

"哇，炒年糕！"

小美从学校回来看到了妈妈做好的炒年糕，开心得不得了。

"我要开始美美地吃喽！"

小美赶忙坐在了餐椅上。

"不可以！从外面回来，要先洗手再拿东西吃。"

妈妈拦住了小美。

"我先吃炒年糕，再洗手，不行吗？"

"现在你的手上可能有很多引发食物中毒的细菌。"

"知道了，我不能把美味的炒年糕和细菌一起吃进肚子里去。"

小美乖乖地去洗手了。

- 外出回来，一定要先洗手。
- 食品不要放得太久，要及时吃掉。
- 生肉一定要做熟了再吃。
- 水果和蔬菜要用流水充分洗干净再吃。
- 吃剩的罐头食品要盖好盖子，冷藏保存。

加工食品为什么不好？

"今天是带零食来学校的日子！我带了杯装拉面！"
"我要吃草莓牛奶和巧克力派。"
"我带的是饼干和火腿肠。"
孩子们开始炫耀各自带来的零食。
"草莓牛奶中不含草莓，巧克力派中也没有巧克力哦！"

孩子们听到老师的话惊呆了。

"那里面含有什么呢？"

"草莓牛奶中含有从虫子的身体里提取出来的色素，巧克力派是用不健康的油做成的。"

"啊！那色彩斑斓的饼干和糖果呢？"

"它们中都含有一种叫作'焦油色素'的化学物质，它能产生漂亮的颜色。奶酪、黄油、冰激凌、饼干、糖果中都含有焦油色素，这是有毒的化学物质。"

"怎么办，我们中毒了。"

"可是，我还是很喜欢吃饼干和糖果啊，怎么办……"

孩子们都快哭出来了。

★食品添加剂为什么不好？

- 食品添加剂不是食品的天然成分，如使用不当，或添加剂本身混入一些有害成分，就可能对人体健康带来一定危害。
- 某些人工甜味剂、色素等经实验证实，有致癌作用。
- 有些食品的添加剂含量过高，也会引起急性或慢性中毒。

工业品、食品安全报

▲ 要想将不利于身体的添加物排出体外，防止危险物质堆积在体内，就要经常吃新鲜的蔬菜和水果。

▲ 要养成购买食品时确认有效期、含有哪些种类的添加物的习惯。

▲ 即便想吃，也不要购买含有有害物质的食品。

▲ 不要太过频繁地吃垃圾食品。

▲ 在屋顶或者阳台开辟小菜园，亲手种点蔬菜来吃也是不错的主意哦！

▲ 香肠、火腿、鱼饼、蟹棒等加工过的食品含有多种添加物，先用刀在其表面拉出刀痕，放进水中煮一下，捞出来洗干净再吃，就可以降低很多添加物的成分。

▲ 制作面条的时候，为了让做出的面条更加劲道，会往里面加入叫作"磷酸钠"的化学物质来去除矿物质。所以，煮面条时先用热水焯一次，把水倒掉后再放水煮来吃比较好。

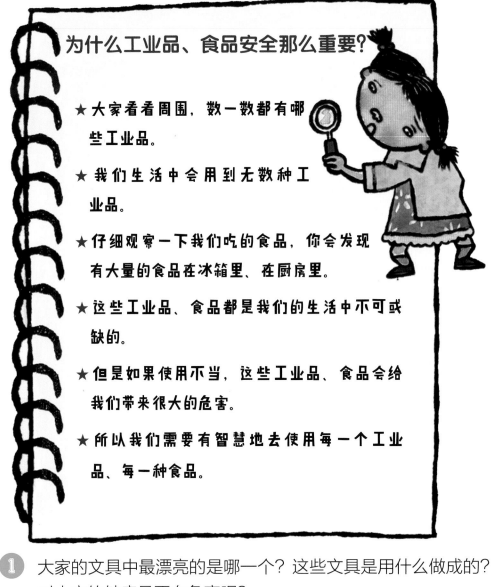

为什么工业品、食品安全那么重要？

★ 大家看看周围，数一数都有哪些工业品。

★ 我们生活中会用到无数种工业品。

★ 仔细观察一下我们吃的食品，你会发现有大量的食品在冰箱里、在厨房里。

★ 这些工业品、食品都是我们的生活中不可或缺的。

★ 但是如果使用不当，这些工业品、食品会给我们带来很大的危害。

★ 所以我们需要有智慧地去使用每一个工业品、每一种食品。

1 大家的文具中最漂亮的是哪一个？这些文具是用什么做成的？对大家的健康是否有危害呢？

最漂亮的文具是什么？

···

这些文具是用什么做成的？

···

对健康有危害，还是没有危害？

···

2 这里有闪闪发光、印有华丽图案的书包，还有用柔软的布做成的书包。

大家会选择哪一个书包?

....

理由是什么?

....

3 让我们观察一下手中的玩具上都有哪些安全标志吧!

4 面条先用热水焯一遍，香肠、鱼饼、火腿、蟹棒等加工过的食品也先用热水煮一遍，就可以降低很多添加物成分。让我们做一下实验，看看这样做会不会影响味道吧!

做自己的安全卫士·韩国教育部指定儿童安全绘本系列

遵守纪律我可以　校园安全

这些东西我不要　文具及食品安全

一个人在家我能行　家庭安全

这些事情我不做　药物及网络安全

勇敢说出别碰我　诱拐及走失事件预防

出门我会更小心　交通安全

与人相处我懂礼貌　暴力伤害事件预防及人身安全

紧急状况我不慌张　急救处理

玩的时候我守规矩　户外活动安全

灾难面前我有办法　灾难避险

系列简介

中国妇联儿童工作部最新发布的全国家庭教育现状调查的主要结果和核心数据显示，"儿童安全问题"已成为父母关心的重点。"做自己的安全卫士"是韩国教育部向韩国小学生指定的安全教育绘本，涵盖了少年儿童在生活中常见的 10 大安全主题，包括校园安全、家庭安全、食品安全、药品安全、网络安全、交通安全、人身安全等。本书通过一个个有趣的故事，配以色彩亮丽又充满童趣的插图，还原了多种生活场景，讲述了在不同环境下需要重视的安全问题，让读者在阅读本书时，树立安全意识，将安全知识牢记于心，平安成长。

作者简介

李钟恩，韩国儿童文学作家，韩国小说协会会员，儿童文学理论家，毕业于京畿大学文艺创作系。1990 年获《现代小说》中篇小说奖，2002 年获韩国"文学地带"儿童文学奖，作品《贩卖秋天的魔法师》被选入韩国小学教材。先后在《儿童写作理论》发表"写作的一二三"（共 13 卷），在《教材研究》中发表"阅读、讨论、论述教科书中的童话课程"（共 36 卷），在《历史、人物传说》中发表了"转换历史的人物，历史中成长的任务"（共 50 卷），2010 年获得 MBC（文化放送株式会社，是韩国三大电视主流媒体之一，有"韩剧王国"之称）创作大奖。